Erdheilung kinderleicht gemacht

Auroras praktischer Ratgeber mit Ritualen für die ganze Familie und alle, die etwas für die Zukunft unserer Kinder tun möchten.

Von Diana Dörr

Buchbeschreibung:

Erdheilung kinderleicht gemacht – für die gesamte Familie. Praktischer Ratgeber mit Ideen und Ritualen für all diejenigen, die etwas für unsere Zukunft und die unserer Kinder tun möchten. Das Buch erschien als Begleitbuch zu dem Roman "Aurora in geheimer Mission".

Über die Autorin:

Diana Dörr ist Heilpraktikerin mit eigener Praxis in Bad Homburg.

2011 veröffentlichte sie ihren ersten Roman "Der Steg nach Tatarka" beim Paracelsus Verlag in Salzburg/ Österreich.

Die Autorin vereint durch ihre Bücher ihre Verbundenheit mit der Natur mit ihren beruflichen Interessen, der Heilung von Menschen und Mutter Erde.

Mehr über die Autorin erfahren Sie hier:

www.dianadoerr.de

Weitere Bücher der Autorin:

Der Steg nach Tatarka

Aurora in geheimer Mission

Aurora und der Wächter des Wassers

Auroras Heilquellenführer

Erdheilung
kinderleicht gemacht

Auroras praktischer Ratgeber mit Ritualen für die ganze Familie und alle, die etwas für die Zukunft unserer Kinder tun möchten.

Von Diana Dörr

Bibliografische Information der Deutschen Nationalbibliothek:
Die Deutsche Nationalbibliothek verzeichnet diese Publikation in
der Deutschen Nationalbibliografie, detaillierte bibliografische
Daten sind im Internet über http://dnb.dnb.de abrufbar.

2. überarbeitete Auflage 2019

Umschlaggestaltung: BookCoverZone und Donna Dean
Herstellung und Verlag: BoD – Books on Demand,
Norderstedt.

ISBN 9783748144441

Inhaltsverzeichnis

Vorwort

»Wenn einer allein träumt, ist es nur ein Traum. Wenn Menschen gemeinsam träumen, ist es der Beginn einer neuen Wirklichkeit.«

Hélder Câmara

Viele Menschen, die Auroras Naturwesenkonferenz für Mutter Erde im Steinbruch Michelnau verfolgt haben, fragten sich, was man selbst für Mutter Erde tun kann?! Eine wichtige Frage, meint Aurora. Denn jeder Mensch kann auf seine Art etwas für die Umwelt tun. Es ist oft einfacher, als man denkt. Man braucht hierfür nur die Augen und das Herz für Mutter Erde zu öffnen.

Es ist wichtig, nicht nur die wundervollen Geschenke zu erkennen, die uns Mutter Erde zur Verfügung stellt. Die Pflanzen oder Meere mit anderen, dankbaren Augen zu sehen. Es ist ebenso notwendig, wahrzunehmen, wie die Menschen diese Erde verändert haben. Wie sie den wundervollen Blauen Planeten ausgebeutet und verletzt haben. Nicht nur die Menschen und Tiere leiden darunter, auch Mutter Erde selbst. Es wird Zeit, die Erde wieder als lebendiges Wesen wahrzunehmen und sie so zu behandeln, wie man selbst behandelt werden möchte. Gemeinsam ist dies möglich.

Lasst uns Mutter Erde etwas mit Liebe zurückgeben, so wie es am 22. April auf der ganzen menschlichen Welt am sogenannten »Earth Day« (Tag der Erde), getan wird. Möge jeder Tag zu einem »Earth Day« werden.

Friedensfeuer und Despacho

»Wäre das Wort ›Danke‹ das einzige Gebet, das du je sprichst, so würde es genügen.«

Meister Eckart

Zu jeder Sonnenwende, an der die Sonne auf dem Höhepunkt im Süden oder Norden steht und den Sommer und Winter einleitet, versammeln sich Schamanen auf der ganzen Welt, um Friedensfeuer zu entzünden oder für den Frieden zu beten. Wir schließen uns hierzu zweimal im Jahr mit unserem Erdheilungskreis an und führen besondere öffentliche Feuerrituale zur Sonnenwende durch.

Bei vielen indigenen Völkern ist es üblich, dass man an diesen Tagen auch Mutter Erde einen Dank zurückgibt, wie dies beispielsweise durch das »Despacho Ritual" möglich ist. Bei dem andinen Despacho Ritual der Inka Schamanen, wird eine liebevolle Opfergabe an die Berge und an Mutter Erde (Pachamama) dem Feuer übergeben. Das Despacho Geschenk besteht aus Blüten, Blättern, Nüssen, Süßigkeiten, Wein und anderen Dingen, die uns Mutter Erde selbst geschenkt hat.
Jede Opfergabe wird mit Energie aufgeladen und in einer Art Mandala angeordnet. Nachdem die Teilnehmer ihren Dank und ihre Gebete hineingegeben haben, wird das Geschenk verpackt und ins Feuer oder Wasser gegeben.
Es ist ein Zeichen der Liebe und der Verbindung mit allem Leben auf dieser Erde.

Wir verbinden unsere Friedensfeuer an den Sonnenwenden und auch während der TagundNachtGleichen mit einem solchen »Despacho Ritual" aus Peru.

Agnihotra Feuer

»Die Liebe und das Mitgefühl sind die Grundlage
für den Weltfrieden - auf allen Ebenen.«

Dalai Lama

»Heile die Atmosphäre und die Atmosphäre heilt dich.«

Viele Menschen rund um den Erdball führen regelmäßig die
Jahrtausende alten Agnihotra-Feuerrituale für Mutter Erde durch.
Durch die hohe Energie, die bei diesen vedischen Feuer-
techniken erzeugt wird, ist eine tiefgreifende Reinigung der Erde,
des Wassers und der Luft möglich. Auch wenn man diese
Feuerrituale immer bewusst für die Heilung von Mutter Erde
durchführen sollte, kann hierdurch auch durchaus die
Gesundheit von Menschen, Tieren und Pflanzen gefördert
werden. Dies kann uns daran erinnern, wie alles miteinander
zusammenhängt und beeinflusst wird.

Es ist außerdem möglich, durch diese Feuerrituale das Wetter zu
harmonisieren und das ökologische Gleichgewicht wieder
herzustellen. Homa Feuer sind ein wichtiger Beitrag gegen die
Umweltverschmutzung.

Während der Feuerrituale werden bestimmte vedische Mantras
gesungen, die in Resonanz mit Sonnenaufgang und
Sonnenuntergang stehen. Auch die Substanzen, die bei den
Feuern abgebrannt werden, haben eine tiefe Bedeutung.

Agnihotra-Feuer, die zu Sonnenaufgang und Sonnenuntergang
durchgeführt werden, verstärken die heilsame Wirkung für
Mutter Erde. Es gibt weitere Homa- bzw. Yagna-Feuer, die zu
jeder Uhrzeit durchgeführt werden können.

Für die Durchführung eines Agnihotra-Feuers benötigt man folgende Dinge:

- eine feuerfeste Kupferschale, den pyramidenförmigen Agnihotra-Topf
- Ghee (ausgelassene, geklärte Butter)
- Vollkornreis (ganze Körner)
- eine Zeitentabelle für den Sonnenaufgang und Sonnenuntergang am Ort, an dem man Agnihotra durchführen möchte
- eine exakt gehende Uhr
- Streichhölzer
- hitzebeständige Unterlage
- einen Holzspachtel
- genaue Kenntnis der Mantras für Sonnenaufgang und Sonnenuntergang
- einen Kompass, wenn nötig
- getrocknete Kuhdungfladen von »glücklichen Weidekühen«. Die Kühe sollten möglichst weiblich sein, Fladen von Büffeln sind nicht geeignet. Auch wenn der Kuhdung von Kühen ohne Hörner für das Agnihotra-Feuer durchaus geeignet ist, sollte man nach Möglichkeit den Kuhdung von Kühen mit Hörnern verwenden. Außerdem sollten die Kühe keine Silo-Kost (Silage) erhalten haben.

Für das OM Tryambakam Homa-Feuer benötigt man zusätzlich:
- einen weiteren pyramidenförmigen Agnihotra-Topf
- einen hitzebeständigen Kupferlöffel
- ein hitzebeständiges Kupfergefäß für die geschmolzene Ghee-Butter

12

Ablauf des Agnihotra-Feuers

Der Agnihotra-Topf wird an einem windgeschützten Platz auf eine hitzebeständige Unterlage gestellt. Hierbei sollte eine Seitenkante nach Osten zeigen. Es ist empfehlenswert, dass die entsprechende Topfseite immer in die gleiche Richtung zeigt, der Topf also nicht gedreht wird. Hierfür kann man auf der Außenseite des Topfes eine kleine Markierung anbringen, die den Topf nicht beschädigt, um ihn immer wieder in die richtige Himmelsrichtung auszurichten.

Falls man das Feuer im Sitzen ausführt, empfiehlt es sich, dass der Topf etwas über der Sitzfläche steht.

Man stellt oder setzt sich während des Agnihotra Feuers so, dass man selbst nach Osten oder, falls dies nicht möglich ist, nach Norden schaut.

Man bestreicht einige Kuhdungstücke mit Ghee-Butter und bricht sie in kleine Stücke. Dann vermischt man etwas Vollkornreis in einer Schale mit weicher oder flüssiger Ghee-Butter.

Zünde nun ein kleines, mit Ghee-Butter bestrichenes Kuhdungstück mit einem Streichholz an und lege es etwas schräg in den Agnihotra-Topf. Schichte dann ein paar weitere kleine, mit Ghee-Butter bestrichene Kuhdungstücke so darüber, dass die Luft im Topf zirkulieren kann und das Feuer gut brennt. Es kann ein paar Minuten dauern, bis das Feuer richtig brennt, sodass man rechtzeitig mit den Vorbereitungen beginnen sollte.

Zum Zeitpunkt von Sonnenaufgang oder Sonnenuntergang wird das entsprechende Mantra gesungen und nach dem Wort »swaha« jeweils eine Fingerspitze mit Ghee vermischten Reis‘ in das Feuer gegeben.

Das Mantra wird einmal gesungen und somit werden insgesamt zwei Gaben Reis in die Flammen gegeben.

Man bleibt bei dem Feuer stehen oder sitzen, bis es verloschen ist, und sollte sich dabei still verhalten.

Es ist empfehlenswert, den mit der Asche gefüllten Agnihotra-Topf bis zum nächsten Agnihotra- bzw. OM Tryambakam Homa-Feuer (windgeschützt) stehen zu lassen, um durch die Ausstrahlung des Topfes die Wirkung zu verstärken.

Der Agnihotra-Topf kann zum Schutz gegen Funkenflug und Regen, mit einer feuerfesten Kachel oder einem Kupferblech abgedeckt werden.

Vor dem nächsten Agnihotra-Feuer die Asche mit einem Holzspachtel sanft entfernen und in Glas- oder Tongefäße abfüllen. Die abgekühlte Asche kann man nach ein paar Tagen zu Pflanzen oder Gewässern bringen, die Heilung benötigen.

Bei all diesen Feuerzeremonien sollte man sich mit positiven Gedanken beschäftigen und sich nicht durch Gespräche ablenken, sondern still sein und sich auf den richtigen Gesang der Mantras konzentrieren.

Mantra für das OM Tryambakam Homa-Feuer:
OM triammbakamm jadschamaheh, suganndhimm putschi
wardhanamm, urwarukamiva banndhanan, mritjor mukschija
mamritat swaha.

Die Asche des Agnihotra- und OM Tryambakam Homa-Feuers
kann man in der Natur verteilen, um diese zu reinigen und zu
heilen. Flüsse und Bäume freuen sich ganz besonders darüber.

Nun lasst uns vom Feuerreich weiter in das Reich des Wassers
gehen, denn auch hier gibt es viel zu tun!

Heilung des Wassers

»Wir Menschen sind die einzige Spezies, die die Macht hat, die Erde, so wie wir sie kennen, zu zerstören oder zu schützen.«

Dalai Lama

Das Wasser von Mutter Erde ist sehr viel belebter, als die Menschen denken. Es wohnen in den Flüssen, Meeren und Seen nicht nur Fische, Wale oder Seehunde, sondern auch unzählige Wesen, von denen die meisten Menschen nicht das Geringste ahnen. In Auroras Romanen gibt es nicht nur Wassermänner, Nixen und Nymphen, sondern auch riesige Wasserdrachen, die das Wasser bevölkern. Selbst in den kleinsten Tümpeln leben Wassergeister, die man wahrnehmen kann, wenn man sein Herz für Auroras Welt öffnet. Diese Wasserwesen versuchen unablässig, das Wasserelement im Gleichgewicht zu halten, es zu reinigen und zu beleben, doch fällt ihnen diese Aufgabe zunehmend schwerer. Sie fürchten, dass sie es nicht mehr lange schaffen, das nötige Gleichgewicht aufrechtzuerhalten. Viele Wasserwesen sind darüber verzweifelt und manch ein wütender Wasserdrache zieht wehklagend durch die Meere.

Die Wasserverschmutzung nimmt immer mehr zu. Radioaktives Wasser, das durch die Atomkatastrophe von Fukushima verseucht wurde oder durch radioaktive Abfälle im Meer verunreinigt wird, breitet sich aus.

Aurora hat auf ihren Reisen vieles gesehen, was der Heilung bedarf. So hat sie bei einem Ausflug zu ihrer Familie in den Vulkanen auf den Kanaren radioaktive Abfälle gefunden, die dort tief im Meer versenkt wurden. Ein alter Wassermann erzählte ihr verzweifelt davon und fragte sie, wieso die Menschen selbst an aktiven Vulkanen ihre verstrahlten Abfälle versenken müssten. Als würde all das nicht mehr existieren und gefährlich sein, was sie aus ihrem Sichtfeld entfernen!

Wie sollte Aurora diese Frage beantworten, da sie die Menschen doch so oft selbst nicht versteht. Aber sie versprach diesem traurigen Wasserwesen, zu helfen, indem sie das für die Menschen Unsichtbare wieder sichtbar machen würde. Möge das Erwachen des Bewusstseins der Menschen den Bewohnern der Meere, Flüsse und Seen helfen. Möge das Wasserelement heilen und wieder voller Liebe und Lebenskraft strahlen.

Aurora plant, in einigen Jahren auf Weltreise zu gehen, um die Naturgeister zu besuchen, die an der Naturwesenkonferenz im Steinbruch Michelnau teilgenommen hatten. Aurora hofft, dass die Naturgeister dann glücklichere Geschichten zu erzählen haben und ihre Herzen leichter geworden sind. Aurora weiß, es ist noch ein langer Weg dorthin. Lasst uns gemeinsam diesen Weg gehen. Auch Mutter Erde bittet darum. Sie hilft uns auf diesem Weg mehr, als sich die Menschen vorstellen können. Nur wenn wir ruhig werden, können wir lernen, ihre weise Stimme zu hören sowie die Botschaften ihrer zarten Helfer aus der Naturwesenwelt. Es ist wichtig, dass die Menschen ihre Augen und Herzen für diese „unsichtbaren" Reiche öffnen und erkennen, was auf Mutter Erde vor sich geht.

Das Meer muss nicht nur von den sichtbaren Abfällen, wie dem Plastikmüll, gereinigt werden, sondern auch von den unsichtbaren Schadstoffen und Schwingungen. In Auroras Wasserdrachenroman wird beschrieben, wie die Naturwesen die Menschen dabei unterstützen.

Du kannst jederzeit selbst mit dem Wasser sprechen und ihm Dankbarkeit, Liebe und Licht senden. Besonders gut funktioniert dies, wenn du dich an einer natürlichen Wasserstelle in der Natur befindest, wie einem See, Fluss, Bach oder Meer. Auch die Quellengeister freuen sich, wenn du mit dem Wasser ihrer Quellen sprichst! Du kannst aber auch ein Glas Wasser oder eine mit Wasser gefüllte Schale nehmen und in diese deine liebevollen

Gedanken senden. Stelle dir hierbei vor, wie dieses Wasser mit allen Wassern der Erde verbunden ist.

Sende deine guten Gedanken mit Liebe oder heilendem weiß-goldenem Licht zu allen Gewässern der Erde. Stelle dir vor, wie sich die Meere, Seen, Flüsse und Bäche damit füllen und zu strahlen beginnen. Alle Gewässer von Mutter Erde werden harmonisiert und geheilt.

Du kannst dieses mit Liebe gefüllte Licht auch an einzelne ausgewählte Gewässer senden, die Heilung benötigen und es hierfür mit Heilmusik aufladen.

Sende diese Heilenergie in das Meer vor Fukushima oder in den Golf von Mexiko und lasse es von dort in den gesamten Pazifik und Atlantik ziehen. Stelle dir vor, wie das Wasser überall gereinigt wird.

Und nun geht es weiter ins Reich der Luftgeister.

Räucherungen

»Nicht der Wind, sondern das Segel bestimmt die Richtung.«

aus China

Räucherungen werden von Alters her zur energetischen Reinigung von Orten durchgeführt. Hierfür eignen sich getrocknete Kräuter, wie ganz besonders weißer Salbei. Man kann Räume durch den Rauch des weißen Salbeis reinigen. Dies ist besonders zu empfehlen, wenn man in eine Wohnung frisch einziehen will oder wenn es dort Streitigkeiten oder Krankheiten gab.

Durchführung:

Fülle für die Räucherung eine feuerfeste, tragbare Räucherschale oder eine Räuchermuschel mit Vogel- oder Räuchersand. Lege ein paar Blätter getrockneten weißen Salbei in die mit Sand gefüllte Räucherschale. Zünde mit einem Streichholz ein paar Blätter des Salbeis an und puste die dabei entstehenden Flammen sofort wieder aus.

Man fächert den Rauch des glühenden Salbeis mit einer großen Vogelfeder in die Bereiche der Wohnung, die man reinigen möchte. Gehe hierfür mit dem tragbaren Räuchergefäß bei geschlossenen Fenstern durch die Räume. Der Rauch sollte dabei im ganzen Raum gleichmäßig verteilt werden, insbesondere in den Ecken, in denen die alten Energien festsitzen.

Achte darauf, dass sich keine Glutfunken im Raum verteilen und unbemerkt zu einem Brand führen.

Den Rauch nach dem Räuchern eine bis drei Stunden einwirken lassen und dann den Raum gut lüften. Diese Räucherung im Anschluss gegebenenfalls ein zweites Mal durchführen.

Zum Verteilen des Rauches eignen sich besonders Adler- oder Truthahnfedern.

Nun verlassen wir das Luftelement und widmen uns der Erde.

Mutter Erde etwas zurückgeben

»Bei allen Freiheiten, die wir haben, müssen wir bedenken, welche Auswirkungen unsere Entscheidungen für die folgenden sieben Generationen haben.«

Aus dem »Großen Gesetz«, der Verfassung der Irokesen

Vielleicht erinnern sich ein paar Leser an den Kummer der Zwerge und Drachen, den sie während der Naturwesenkonferenz im Steinbruch Michelnau geteilt haben? Sie klagten darüber, dass die Menschen ihnen immer mehr Schätze rauben, ohne sich dafür zu bedanken. Aurora glaubt, dass es wichtig ist, nicht nur Mutter Erde etwas zurückzugeben, sondern auch diesen Zwergen und Drachen.

Falls du ein paar Edelsteine oder Kristalle hast, die du nicht mehr benötigst oder von denen du dich trennen magst, kannst du sie zu fließenden Gewässern (Bäche, Flüsse, Seen oder in das Meer) bringen und Mutter Erde dort zurückgeben.

Wichtig ist, dass das Wasser, in das du sie gibst, so tief ist, dass die Steine dort nicht die Neugier von Spaziergängern erregen und von diesen gedankenverloren wieder herausgeholt werden.

Lade die Steine oder Kristalle zuvor auf, indem du sie mit deinen Händen umschließt und die Liebe aus deinem Herzen durch deine Hände in die Steine fließen lässt. Dann danke ihnen, dass sie so lange bei dir waren und übergebe sie dem Wasserreich. Vielleicht spürst du dabei ja auch die Freude der Naturgeister über diesen Schatz, der so unverhofft zu ihnen zurückkehrt.

Man kann die Steine auch in der Erde vergraben.

Kraftplätze errichten

»Dein Traum segnet die Erde, deine Tat verändert sie.«

Spruch der Ojibwa-Indianer

Es gibt verschiedene Möglichkeiten, sich einen ganz persönlichen Kraftplatz zu bauen, der nicht nur dich selbst, sondern auch Mutter Erde mit Kraft und Energie versorgen wird.

Vergrabe um den Platz, den du mit Energie versorgen möchtest, in jeder der vier Himmelsrichtungen einen großen Kristall. Hierfür eignen sich nach Auroras Erfahrung besonders gut Rosenquarze und Bergkristalle, die du zuvor mit deiner Liebe aufladen kannst.

Stelle dir dann einen weißen Lichtkreis vor, der die Steine miteinander verbindet. Sei dir dabei bewusst, dass sich nicht nur die Kristalle mit dem Licht aufladen, sondern auch das Licht mit den Energien der Heilsteine gefüllt wird.

Stelle dir vor, wie dieser Lichtkreis immer stärker wird und sich das Licht von dem Kreis aus über den ganzen Platz, den er umgibt, verteilt.

Bitte darum, dass der gesamte Ort mit weißem, heilendem Licht umgeben wird und zu einem heilsamen Kraftplatz wird. Möge sich das Licht dort verankern und auch in die Umgebung strahlen.

Du kannst auch selbst Licht in den Kraftplatz geben, z. B. Reiki dorthin senden und darum bitten, dass sich auch diese Energie dort in der Erde verankert.

Visualisiere nun noch einmal den von Licht erfüllten Platz und bedanke dich bei dem Licht.

Mutter Erde wird dir für diesen Kraftort danken und dich dort jederzeit auch mit ihrer Energie und Kraft versorgen.

Steinmännchen bauen

»Ihr müsst der Erde Nahrung geben.«
Sun Bear

Es gibt noch eine andere wundervolle Möglichkeit, Mutter Erde mit Liebe zu versorgen und dabei gleichzeitig die Erdgeister zu erfreuen.

Sammle hierfür einige flache und runde Steine in der Natur. Danke Mutter Erde für diese Steine und bedanke dich bei den Naturwesen und Mutter Erde mit etwas Maismehl. Lade die Steine mit Liebe auf, die du von deinem Herzen durch die Hände in die Steine fließen lassen kannst. Staple dann die Steine übereinander, sodass ein Steinmännchen entsteht. Auch dieses kannst du mit Liebe aufladen.

Stelle dir nun vor, wie die in den Steinmännchen gespeicherte Liebe an die Erde und an alle Wesen, die an diesem Steingebilde vorbeikommen, weitergegeben wird.

Bitte darum, dass sich die Herzen der Menschen mit dieser Liebe aufladen und heilen mögen. Denn wenn die Herzen der Menschen geheilt sind, dann ist auch das Herz von Mutter Erde geheilt.

Aurora ist sich sicher, nicht nur die Menschenkinder werden ihre Freude daran haben, sondern auch die kleinen Wichtel, Zwerge und Trolle.

Nachdem wir uns mit den verschiedenen Elementen beschäftigt haben, möchte Aurora dir eine weitere wundervolle Möglichkeit vorstellen, wie du dich mit den Elementen und Mutter Erde verbinden kannst.

Ein Medizinrad legen (nach Sun Bear)

»Lasst die Medizin des heiligen Kreises sich behaupten.
Lasst Menschen aus allen Winkeln der Erde sich im
Kreis zusammenfinden und für die Heilung von
Mutter Erde beten.«

Sun Bear & Wabun

Das folgende Medizinrad wurde von Sun Bear, einem Medizinmann der Anishinabe-Indianer, in einer Vision empfangen.

Für das Medizinrad benötigst du 36 Steine, die du sorgsam aussuchen solltest. Man kann Edelsteine verwenden, man kann die Steine aber auch in der Natur sammeln. Hierbei solltest du unbedingt die Steinwesen um Erlaubnis fragen und Mutter Erde etwas Maismehl zum Dank zurücklassen.

Außerdem brauchst du einen Kompass, um das Medizinrad beim Bauen nach Norden auszurichten.

Suche dir für den Bau deines Medizinrades einen ruhigen Platz, der Kraft ausstrahlt und sich für dich gut anfühlt oder den du heilen möchtest.

Ablauf der Medizinradlegung:

Bevor du mit dem Legen des Medizinrades beginnst, reinige dich, die möglichen weiteren Teilnehmer, die Steine, die Umgebung und alles, was in der Zeremonie verwendet wird, mit Salbei-Rauch.

Bereite die Räucherung wie oben beschrieben vor. Du kannst für diese Räucherung noch zusätzlich Mariengras und getrocknete Zedernspitzen in die Räucherschale geben. Die Zedernspitzen bilden das weibliche Gegenstück zum weißen Salbei, ihr Rauch verbindet die vier Elemente Erde, Wasser, Luft und Feuer. Du wirst durch diesen Rauch selbst gereinigt und geschützt.

Man fächert den Rauch mit einer Feder zunächst zu seinem Herzen und von dort aus weiter nach oben, über den Kopf hinaus.
Dann fächert man ihn in alle sechs Himmelsrichtungen (nach oben zum Schöpfer, nach unten zur Erde, nach Norden, nach Osten, nach Süden und nach Westen).
Nun sagt man leise oder innerlich, dass der Bau des Medizinrades beginnt. Hierauf spricht man laut oder im Stillen ein kurzes Gebet oder eine Bitte für Mutter Erde. Du kannst auch den Hüter des Ortes um Hilfe bitten.

Das Medizinrad wird nach Norden ausgerichtet und im Uhrzeigersinn gelegt.

Alle Steine werden den sechs Himmelsrichtungen angeboten, d. h. sie werden kurz in die entsprechenden Richtungen gehalten (Richtung Himmel, Erde, Norden, Osten, Süden und Westen).

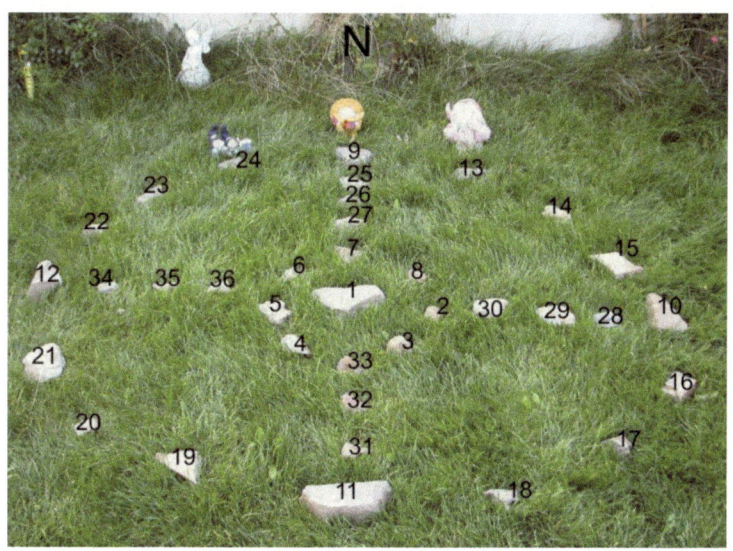

Nachdem man die Steine auf die richtige Position gelegt hat (hier hilft ein Kompass), gibt man eine Opfergabe (Maismehl) auf den Stein und spricht ein kurzes Gebet, in dem man die Position würdigt. Dies kann wieder laut oder im Stillen erfolgen.

Um den Stein abzulegen, startet man bei den Steinen 1 bis 12 auf der Position, auf der man steht, und umrundet das Medizinrad im Uhrzeigersinn, bis man wieder an seinem Platz angelangt ist.
Dabei den Stein wie oben beschrieben auf die entsprechende Stelle legen.
Ein besonderer Stein wird zunächst in das Zentrum des Platzes gelegt, an dem das Medizinrad entstehen soll.
Der Stein im Zentrum steht für den **Schöpfer** (Stein Nr. 1).

Die nächsten drei Steine stehen für **Mutter Erde, Vater Sonne und Großmutter Mond** (Steine 2 bis 4).
Die folgenden vier Steine stehen stellvertretend für die Elemente **Erde, Wasser, Feuer und Luft** (Steine 5 bis 8).
Dann werden die vier äußeren Ecksteine gelegt, die die Hüter des Geistes symbolisieren:
Waboose im Norden, Wabun im Osten, Shawnodese im Süden und Mudjekeewis im Westen.
Für diese Steine der Hüter des Geistes (Steine 9 bis 12) umrundet man das Medizinrad auf der Außenseite.
Dann legt man dazwischen die zwölf Steine des äußeren Zirkels, die für die Monde (die indianischen Sternzeichen) stehen:
Für die drei Steine für die **nördlichen Monde** (Steine 13 bis 15) tritt man von Norden ins Medizinrad.
Für die drei Steine der **östlichen Monde** (Steine 16 bis 18) tritt man von Osten ins Medizinrad.
Für die drei Steine der **südlichen Monde** (Steine 19 bis 21) tritt man vom Süden aus ins Medizinrad.
Für die drei Steine der **westlichen Monde** (Steine 22 bis 24) tritt man vom Westen aus ins Medizinrad.
Dann folgen die vier Pfade des Geistes, mit je drei Steinen. Sie stehen für Reinigung, Erneuerung, Reinheit, Klarheit, Weisheit, Erleuchtung, Wachstum, Vertrauen, Liebe, Erfahrung, Einsicht, Stärke.
Für die **Steine des Pfades der Seele** (Steine 25 bis 36) betritt man das Medizinrad durch die Richtung, die den Steinen entspricht:
Steine 25 bis 27: Norden
Steine 28 bis 30: Osten
Steine 31 bis 33: Süden
Steine 34 bis 36: Westen

Die 36 Steine:
1. Schöpfer – alle Elemente
2. Mutter Erde – Erde

3. Vater Sonne – Feuer und Luft
4. Großmutter Mond – Wasser
5. Schildkröte – Element Erde
6. Frosch – Element Wasser
7. Donnervogel – Element Feuer
8. Schmetterling – Element Luft
9. Waboose – Hüter des Nordens
10. Wabun – Hüter des Ostens
11. Shawnodese – Hüter des Südens
12. Mudjekeewis – Hüter des Westens
13. Schneegans – Erderneuerung – Norden
14. Otter – Rast und Reinigung – Norden
15. Puma – Große Winde – Norden
16. Roter Habicht – Knospende Bäume – Osten
17. Biber – Wiederkehrende Frösche – Osten
18. Hirsch – Maisaussaat – Osten
19. Specht – Kraftvolle Sonne – Süden
20. Stör – Reifende Beeren – Süden
21. Braunbär – Ernte – Süden
22. Rabe – Fliegende Enten – Westen
23. Schlange – Erste Fröste – Westen
24. Elch – Langer Schnee – Westen
25. Reinigung – Äußerer Norden
26. Erneuerung – Mittlerer Norden
27. Reinheit – Innerer Norden
28. Klarheit – Äußerer Osten
29. Weisheit – Mittlerer Osten
30. Erleuchtung – Innerer Osten
31. Wachstum – Äußerer Süden
32. Vertrauen – Mittlerer Süden
33. Liebe – Innerer Süden
34. Erfahrung – Äußerer Westen
35. Einsicht – Mittlerer Westen
36. Stärke – Innerer Westen

Dem Medizinrad lauschen:

Durchwandere nun langsam das Medizinrad von Osten bis Norden und lausche dabei den Himmelsrichtungen. Du kannst dich in die Steine hineinfühlen, ihre Botschaften empfangen. Was nimmst du bei deinem Weg durch das Medizinrad wahr? Was möchte dir Mutter Erde erzählen? Welches Element benötigt Heilung und Unterstützung? Was für eine Botschaft haben die Naturgeister und der Hüter des Platzes für dich?

Du kannst an diesem Ort jederzeit Kraft schöpfen, deine Energien wieder aufladen oder Heilung in die Welt senden.

Nun möchte Aurora noch einige weitere Dinge teilen, die ihr am Herzen liegen.

Hilfe für die Bienen

»Wenn die Bienen aussterben, sterben vier Jahre später auch die Menschen aus.«

Albert Einstein

Nicht nur durch die Verwendung von Giften und Pestiziden in der Landwirtschaft sterben immer mehr Bienen in den Industriestaaten. Dies kann für die Menschheit schwerwiegende Folgen haben. Es ist unglaublich, was die Bienen in der heutigen Zeit durch die Menschen zu erleiden haben. So werden Bienenvölker brutal auseinandergerissen und zu unnatürlich großen Völkern vermischt. Andere Bienen werden regelmäßig Tausende Kilometer in LKWs durchs Land gefahren, um den Menschen an verschiedenen Orten nützlich zu sein. Gegen den hierbei entstehenden Stress erhalten sie Zuckerwasser und Antibiotika. Ist es da ein Wunder, dass die Bienen diese Erde verlassen möchten? Die Bienen sterben, an der Zivilisation der Menschen ... Und wann stirbt der Mensch?

Es müsste sich grundlegend etwas ändern, um die Bienen zu schützen. Nicht nur Pestizide müssten verboten werden, sondern den Bienen müsste auch wieder mit Respekt, Ehrfurcht und Liebe begegnet werden.

Du kannst jedoch auch konkret etwas für die Bienen tun!

Es gibt immer mehr bienenfreundliche Blumenmischungen, die man im Garten oder in Blumenkästen und Blumenkübeln aussäen kann. Außerdem gibt es Wildblumensamen und Wildwiesen-Samenmischungen, mit denen man in seinem Garten einen bienenfreundlichen Bereich anlegen kann.

Bienen mögen beispielsweise sehr gerne Salbei und Thymian.

Einen Teil des Rasens sollte man als blütenreiche Wiese wachsen lassen.

Außerdem ist es wichtig, auch im eigenen Garten keine Pestizide einzusetzen.
Gärten, die frei von Giften sind, ziehen nicht nur Bienen an, sondern erfreuen auch die Naturwesenwelt, insbesondere die Elfen und Feen. Sie werden spüren, dass sie willkommen sind.

Stelle im Garten ein Insektenhotel auf, in dem auch Wildbienen nisten können.
Auch in Trockensteinmauern und Altholzbereichen nisten Bienen sehr gerne.

Über kleine Wasserstellen im Garten oder auf dem Balkon freuen sich nicht nur Vögel, auch Bienen und andere Insekten nehmen das Wasser gerne an, um ihren Durst zu stillen. Dies ist insbesondere in trockenen Sommern wichtig! Um die Insekten vor dem Ertrinken zu bewahren, sollte man ihnen ausreichend große Steine in die Wassergefäße legen.

Man sollte Bio-Lebensmittel kaufen, da bei deren Produktion keine Pestizide und Insektizide verwendet werden und den regionalen Imker unterstützen.

Weitere Ideen zur Heilung der Erde

»Wir müssen die Veränderung sein, die wir in der Welt sehen wollen.«

Mahatma Gandhi

Du fragst dich vielleicht, was du ansonsten noch selbst für die Umwelt, den Klimaschutz und Mutter Erde machen kannst? Aurora hat sich in der Naturwesen- und Menschenwelt umgehört und ein paar Tipps zusammengetragen. Hierdurch kannst du deine Ökobilanz (deinen »ökologischen Fußabdruck.«) verbessern. Weiteren Ideen sind keine Grenzen gesetzt.

- Kümmere dich um ein Stück Natur. Dies kann die Umgebung von einem Bach, See oder Teich sein. Fühle dich für dieses Fleckchen Erde verantwortlich und schütze es. Die Naturgeister werden dir von Herzen danken, wenn du diesen Ort von Unrat befreist und ihm liebevoll begegnest.
- Empfinde mehr Dankbarkeit im täglichen Umgang mit der Natur, auch beim Obst und Gemüse Kaufen.
- Danke den Wassergeistern, wenn du Wasser trinkst oder es im täglichen Leben verwendest.
- Achte auf deinen eigenen Wasserverbrauch, verschwende kein Wasser.
- Drehe die Heizung hinunter wenn möglich.
- Nimm die Geschenke von Mutter Erde nicht als selbstverständlich, sondern bedanke dich stattdessen dafür und gib etwas an die Erde zurück.
- Immer nur das von der Erde nehmen, was man auch wirklich benötigt.

- Benutze keine für die Umwelt giftigen Pflanzenschutzmittel, Pestizide oder sonstigen scharfen Chemikalien und gib sie auch nicht ins Wasser.
- Kaufe biodynamische Lebensmittel und unterstütze Bauern, die ihre Landwirtschaft ohne Chemikalien betreiben.
- Freilandeier kaufen.
- Benutze biologisch abbaubare Seifen und Reinigungsmittel.
- Plastik durch natürliche Stoffe austauschen (keine Plastiktüten, Plastikblumentöpfe, Plastikflaschen usw. verwenden).
- Keine Kaffeekapselmaschinen verwenden und unterwegs keinen Kaffee aus Plastikbechern trinken.
- Jutesäcke zum Einkaufen mitnehmen!
- Bambus Zahnbürsten statt Plastikbürsten!
- Obst und Gemüse nur noch unverpackt kaufen, soweit machbar!
- Auf Produkte ohne Mikroplastik achten.
- Selbst keinen Abfall in der Natur zurücklassen.
- Baumpatenschaften übernehmen.
- Bäume und Blumen pflanzen.
- Kraft in die Bäume geben (mit ihnen reden, sie umarmen), damit sie die Energie weiter in die Welt senden.
- Müll aufsammeln, der im Wald bzw. der Natur herumliegt.
- Mit Bäumen reden, sie beachten, auch oder ganz besonders wenn sie an für Naturwesen unnatürlichen Stellen wachsen und etwas Lebensenergie in Städte bringen.
- Danke den Baumgeistern.
- Vermeide Produkte, die aus tropischem Hartholz hergestellt werden und die Vernichtung des Regenwaldes vorantreiben.
- Versuche herauszufinden, woher das Leder stammt, das für die Produktion der Möbel, Kleidung, Taschen, Innenbekleidung von Autos usw. verwendet wird.

- Benutze Recyclingprodukte.
- Beim Laufen in der Natur mit jedem Schritt bewusst Liebe in die Erde geben.
- Futterhäuschen für Vögel aufstellen.
- Wasserstellen für Tiere und Insekten im Garten aufstellen. Besonders im Sommer bei Trockenheit und Hitze!
- Nistkästen an geschützten Plätzen aufhängen.
- Insektenhotels an sonnigen, vor Witterung geschützten Plätzen anbringen.
- Für Tiere und Naturwesen im Garten naturbelassene Bereiche einrichten, die nicht durch elektrisches Licht ausgeleuchtet werden.
- Verwende keine Produkte, bei deren Herstellung Tiere leiden müssen oder das Aussterben von Tierarten droht.
- Fahre mit Rad, Bus oder Bahn.
- Reise im Urlaub mit dem Zug, statt mit dem Flugzeug oder Kreuzfahrtschiff.
- Achte bei Produkten und Dienstleistungen auf die Ökobilanz.
- Beziehe Strom von unabhängigen Öko-Anbietern wenn möglich.
- Iss weniger Fleisch.
- Kaufe regionale Bioprodukte.
- Fülle deine Waschmaschine und Geschirrspülmaschine vollständig, bevor du sie nutzt.
- Schalte deine Geräte nicht auf Stand-by.
- Energiesparleuchten nutzen.

Übernimm Verantwortung für Mutter Erde und die Welt, die dich umgibt!

Nun folgen einige Heilmeditationen für Mutter Erde. Vielleicht werdet ihr dadurch inspiriert, auf eure eigene Art Licht in die Welt zu senden.

Heilmeditationen für Mutter Erde

»Alle Dunkelheit der Welt kann das Licht einer einzigen Kerze nicht auslöschen.«

aus China

Durch die folgenden Erdheilungsmeditationen möchte Aurora dir nahebringen, wie es möglich ist, Mutter Erde etwas in Form von Liebe und Licht zurückzugeben. Diese Meditationen sind wirkungsvoller, als du vielleicht denkst.

Du musst Mutter Erde bei den Meditationen nicht deutlich vor deinen inneren Augen sehen, es genügt, wenn du mit deinen Gedanken bei ihr bist. Stelle dir die Bilder so gut, wie es dir möglich ist, vor und bitte die Energie, dorthin zu fließen, wohin diese Meditation dich führt.

Mit etwas Übung wirst du sicher immer deutlichere Bilder sehen. Vielleicht wirst du auch Botschaften von Mutter Erde erhalten. Spüre, wie es ihr geht, und sende ihr dorthin Licht, wohin sie dich führt. Wenn du in Reiki eingeweiht bist, kannst du bei den folgenden Meditationen auch die Reikikraft durch deine Hände zu Mutter Erde fließen lassen. Ebenso kannst du gemeinsam mit dem Licht heilsame Musik zu Mutter Erde oder ihren Gewässern senden.
Es kann hilfreich sein, wenn du dir diese Meditationen auf Tonband aufnimmst.

Du kannst deine eigenen Meditationen schreiben oder dich intuitiv führen lassen, ganz wie du magst. Doch nun denke nicht viel darüber nach, sondern begleite einfach Aurora auf ihre erste Heilmeditation für Mutter Erde.

Mutter Erde in Licht hüllen

Schließe deine Augen und atme dreimal tief ein und aus. Spüre, wie dein ganzer Körper sich mit Energie füllt und wie du immer ruhiger und entspannter wirst. Du lässt los, alles los.

Atme so weiter tief ein und aus und spüre, wie du dich immer mehr entspannst, wie dein Körper sich entspannt.

Nun stelle dir vor, wie goldenes Licht durch deinen Kopf im Scheitelbereich in den Körper fließt. Stelle dir vor, wie dieses goldene Licht durch deinen Kopf fließt und sich von dort aus in den ganzen Körper verteilt. Vielleicht kannst du dabei goldenes und weißes Licht sehen, das mit jedem Einatmen in deinen Körper fließt und sich darin verteilt.

Atme so weiter tief ein und aus. Spüre oder sieh, wie dein ganzer Körper sich mit dem goldenen und weißen Licht füllt. Mit Heilenergie und Licht.

Nun stelle dir vor, wie das Licht weiterfließt, durch deinen ganzen Körper, in deine Hände.

Spüre, wie sich deine Hände mit dem Licht füllen. Du spürst vielleicht ein Kribbeln oder Bitzeln, vielleicht bemerkst du auch eine Wärme in deinen Händen. Lasse es zu, wie das Licht sich dir bemerkbar macht, und spüre das Licht.

Vielleicht siehst du auch, wie das Licht aus deinen Händen fließt. Und nun nimm Mutter Erde geistig in deine Hände. Stelle sie dir in deinen Händen vor, so klein, dass du sie umgreifen kannst.

Sende Mutter Erde nun dieses goldene und weiße Licht. Spüre, wie das Licht immer weiter aus deinen Händen zu Mutter Erde strömt.

Hülle Mutter Erde in das Licht. Hülle sie vollständig in dieses Licht. Sieh eine Aura aus goldenem und weißem Licht.

Siehst du das Licht?

Was macht das Licht? Wohin fließt das Licht?

Vielleicht siehst du, wie die Erde sich beruhigt durch das Licht.

Wie sie strahlt durch das Licht, heilt durch das Licht?

Stelle dir vor, wie sie immer stärker leuchtet durch das Licht, und sende noch mehr Licht.

Stelle dir vor, wie das Licht um die Erde fließt, in Wellen aus Licht.

Kannst du sehen, wohin sich diese Wellen ausbreiten?

Sende das Licht über alle Kontinente.

Sende es zu den Meeren, das Licht.

Fülle alle Weltmeere mit Licht. Sieh, wie sie leuchten und sich reinigen durch das Licht.

Kannst du es sehen? Wohin fließt das Licht?

Sende es in alle Seen, Teiche und Flüsse, das Licht.

Bitte es auch zu den Tümpeln und Bächen, das Licht.

Visualisiere alle Gewässer voller Licht.

Nun sende das Licht auch zu den Bewohnern der Gewässer. Zu den Walen und Delfinen, sie brauchen dieses Licht. Hülle sie ein mit dem Licht, schütze sie durch das Licht. Sende es zu den Fischen, zu den Seehunden und Robben, das Licht.

Zu den Tintenfischen schicken wir Licht.

Alle Meeresbewohner stärken wir durch das Licht.

Auch zu den Korallenbänken senden wir Licht. Wir reinigen sie, stärken sie und schützen sie durch das Licht.

Spürst du, wie viel Licht Mutter Erde braucht?

Sende es daher noch einmal zu Mutter Erde, das Licht. Leite weiter dieses heilsame goldene Licht.

Nun sende es in die Wälder, das Licht.

Schicke es zu allen Bäumen, das Licht.

Lasse es tief in den Boden einsickern, das Licht.

Sende es zu den Bewohnern, das Licht.

Den Tieren und auch den Naturwesen senden wir Licht. Auch bei ihnen ist viel zu heilen, zu reinigen, alle diese Wesen brauchen das Licht.

Dann sende es in die Vulkane, das Licht.

Oh ja, auch da benötigt Mutter Erde Licht.

Auch da ist viel zu reinigen, aufzulösen und da hilft wunderbar das Licht.
Stelle dir vor, wie du die Vulkane auffüllst mit Licht. Mit goldenem oder weißem Licht.
Stelle dir vor, wie der Vulkan gefüllt wird mit Licht, wie es sich mit dem Magma und der Lava verbindet, das Licht. Sende es auch in die Erdspalten, unser goldenes Licht. Fülle die Spalten mit dem Licht und beobachte, was geschieht durch das Licht.
Die Erdspalten beruhigen sich durch das Licht. Sie reinigen sich auf sanfte Art durch das Licht.
Sende es in alle Spalten und Gräben, das Licht.

Und nun schicke es in die Luft, unser goldenes Licht.
Stelle dir vor, wie das Luftelement sich auflädt mit dem Licht.
Wie der Himmel erfüllt wird von dem Licht.
Spüre, wie die Winde sich harmonisieren durch das Licht. Sende das Licht kraftvoll um die Erde, wie einen Sturm, einen Orkan aus Licht. Du kannst auch die Winde beruhigen durch dieses Licht.
Stelle dir vor, wie Hurrikane sich abschwächen durch das Licht.
Wie Tornados sich beruhigen durch das Licht. Lasse
es über die Erde ziehen, das Licht.

Dann hülle noch einmal Mutter Erde in das goldene Licht. Hülle die ganze Erdkugel in Licht, verankere mit deinen Gedanken das Licht.
Siehst du die strahlende Aura von Mutter Erde aus Licht?
Spürst du ihre Dankbarkeit für das Licht?
Spüre die Liebe der Erde, fülle dich selbst mit dieser Liebe der Erde und hülle dich damit ein.

Atme noch einige Male langsam tief ein und aus und spüre, wie du selbst gestärkt und erfüllt wurdest durch das Licht. Dann komme langsam zurück ins Hier und Jetzt.
Du kannst deine Augen öffnen und fühlst dich wohl dabei.

Meditation für Frieden in der Welt

Bei dieser Meditation kannst du Frieden in die Welt senden.

Schließe deine Augen und fülle dich wieder mit weißem und goldenem Licht. Fülle deinen ganzen Körper mit dem Licht und entspanne dich selbst durch das Licht. Dann lasse das Licht wieder durch deine Hände fließen. Mache dir bewusst, wie viel Licht durch dich fließt und dass du es jederzeit weiterleiten kannst. Stelle dir nun vor, wie blaues Licht dich durchströmt. Atme dieses Licht durch deinen Kopf im Scheitelbereich ein und lasse es durch deine Hände wieder aus dem Körper fließen. Stelle dir ein wundervoll strahlendes blaues Licht vor, das sich nun mit Frieden und Ruhe füllt. Hülle dich ein in dieses Licht. Stelle dir vor, wie deine Hände in diesem blauen Licht erstrahlen. Spürst du den Frieden und die Ruhe in dem Licht? Wisse, dass du dieses Licht auch in deinen eigenen Körper und deine Aura senden kannst. Jederzeit, wenn du Frieden, Ruhe oder Schutz brauchst. Nun sende das blaue Licht durch deine Hände in die Welt. Stelle dir vor, wie du hierfür Mutter Erde in deinen Händen hältst. Umgreife sie mit deinen Händen, halte sie in deinen Händen. Stelle sie dir vor, so gut du es kannst. Nun hülle Mutter Erde in dieses blaue Licht. Du kannst Häuser mit dem Licht füllen oder sie darin einhüllen. Ebenso ganze Orte oder Kontinente. Hülle die ganze Erde in das Licht, hülle Mutter Erde vollständig ein in dieses beruhigende, friedliche blaue Licht.

Sind da Flecken, Orte, die sich schwertun mit dem Licht? Dann sende genau dorthin noch mehr Licht. Fülle diese Bereiche mit ganz viel Licht.

Sende es zu den Meeren, den Tieren oder in die Städte, zu all dem, was du siehst, und umgib es mit dem Licht.

Stelle dir das Licht als Wellen vor, als große, kräftige Meereswellen, die über die Erde ziehen.

Spürst du den Frieden in dem Licht?

Stelle dir die Erde vor, friedlich, eingehüllt in blaues Licht. Du kannst auch die Wale in dieses Licht hüllen, ebenso die Delfine.

Du kannst dieses Licht zu bedrohten Tierarten senden. Hülle die Eisbären in Licht, die Schimpansen, Gorillas, Tiger, Elefanten und auch die Bienen freuen sich über dieses besondere Licht. Du kannst das blaue Licht auch in Krisengebiete oder Katastrophengebiete senden. Errichte dort Kuppeln aus Licht.

Vertraue dem Licht. Es wird dorthin fließen, wo es gebraucht wird, sende du nur einfach das Licht.

Du kannst es den Menschen senden. Du kannst sie einhüllen in das Licht. Bedrohten Völkern, gefährdeten Menschen überreiche das Licht.

Du kannst es dir vorstellen als Luftballons, gefüllt mit Licht. Überreiche Menschen diese Luftballons, die strahlen durch unser blaues Licht.

Wohin sendest du nun noch Licht? Lasse dich überraschen oder frage Mutter Erde nach ihren Wünschen für das Licht.

Dann hülle den ganzen Erdball noch einmal in dieses blaue Licht. Spüre den Frieden und die Ruhe in dem Licht.

Die Erde dankt dir für dieses Licht und versorgt dich selbst mit ihrer Liebe und Kraft.

Spüre, wie diese Energie von Mutter Erde in deine Füße fließt.

Kannst du es spüren?

Wie fühlt es sich an?

Lasse diese Energie von deinen Füßen weiter in deinen ganzen Körper fließen. Spüre, wohin diese Kraft und Liebe fließt. Vielleicht in dein Herz? In deine Arme oder Hände? In deinen Kopf?

Genieße diese Kraft, Stärke und Liebe von Mutter Erde und lade dich selbst damit auf.

Gestärkt und in Frieden atmest du nun noch ein paarmal tief ein und aus.

Du dankst Mutter Erde und sie dankt dir.

Atme noch ein paarmal tief ein und aus und komme dann langsam ins Hier und Jetzt zurück.

Du öffnest deine Augen und fühlst dich wunderbar dabei.

Liebe spüren und aussenden

Schließe deine Augen und atme ganz bewusst tief ein und aus. Nimm einige tiefe Atemzüge und stelle dir dabei vor, wie weißes und goldenes Licht durch deinen Kopf im Scheitelbereich fließt und sich von dort aus in deinem ganzen Körper verteilt.

Nun siehst oder spürst du, wie rosa Licht in deinen Kopf fließt und sich von dort aus in alle deine Zellen ausbreitet.

Atme nun weiter dieses Licht durch deinen Kopf ein und lasse es zu deinem Brustkorb und Herzen fließen.

Lasse nun dieses rosa Licht ein wenig in deinem Herzen verweilen. Spüre, wie sich dein Herz mit dem Licht füllt und sich alle Anspannung in dir löst.

Atme das rosa Licht weiter durch den Kopf ein und stelle dir vor, wie das farbige Licht durch deine Arme in deine Hände fließt und durch deine Handteller den Körper wieder verlässt.

Nun stelle dir Mutter Erde zwischen deinen Händen vor, so klein, dass du sie mit deinen Händen einhüllen kannst.

Sieh nun, wie aus deinen Händen das rosa Licht zu Mutter Erde fließt.

Spüre, wie sich Mutter Erde mit dieser Energie vollsaugt.

Du kannst dir vorstellen, wie sich die Erde langsam in deinen Händen dreht, sodass die gesamte Erde nun mit dem rosa Licht versorgt wird.

Wohin fließt besonders viel Licht? Du kannst es sehen! Hülle Mutter Erde weiter in dieses rosa Licht und stelle dir vor, wie dieses Licht tief in Mutter Erde fließt und sie heilt.

Du spürst, dass dieses Licht von Liebe und Wärme erfüllt ist, und stellst dir nun vor, dass es bis in den Mittelpunkt der Erde fließt.

Fülle dort das Herz von Mutter Erde mit Licht.

Stelle dir vor, wie das Herz von Mutter Erde harmonisch pulsiert und sich aufsaugt mit dem Licht.

Mutter Erde dankt dir für das Licht und die Liebe.

Sende weiter bis zum Herzen der Erde rosa Licht.

Nun stelle dir vor, wie das Licht vom Mittelpunkt der Erde wieder nach oben fließt. Stelle dir vor, wie es durch die Erdspalten fließt und sie mit Liebe und rosa Licht erfüllt werden.

Spüre, wie die Erde sich durch dieses rosa Licht harmonisiert.

Das Licht breitet sich immer mehr aus und löst alles Dunkle und Schwere auf.

Die in der Erde gespeicherte menschliche Angst löst sich auf.

Auch die in die Erde gelangte Wut löst sich auf, jeglicher Hass, Ärger und Neid lösen sich auf.

All diese Emotionen heilen durch das Licht.

Du spürst, wie die Erde immer mehr zu strahlen beginnt und heilt.

Stelle dir nun vor, wie das rosa Licht vom Mittelpunkt der Erde durch die Erdspalten bis zur Erdoberfläche zurückfließt.

Von dort aus fließt das Licht weiter über die Erde.

Das rosafarbene, strahlende Licht breitet sich über die gesamte Erde aus und bildet eine immer stärkere Aura aus Licht. Hülle die Erde in diese Aura aus rosa Licht und sieh, wie das Strahlen immer leuchtender und heller wird.

Nicht nur Mutter Erde dankt dir für dieses Licht. Du siehst, wie die Naturwesen sich in diesem Licht reinigen und heilen.

Die Tiere baden in dem Licht.

Auch die Menschen werden tief in ihrem Herzen berührt und viele heilen durch das Licht.

Das Licht fließt in dunkle Höhlen und reinigt auch diese mit Licht.

Das Licht hüllt Häuser und ganze Städte ein.

Es fließt wie ein Teppich über die Meere, füllt die Wälder mit rosa Licht. Die Bewohner der Regenwälder freuen sich über das Licht, auch sie heilen durch das Licht.

Immer weiter breitet sich der rosa Lichtteppich aus.

Die Erde sieht immer lebendiger und strahlender aus.

Nun hülle alles noch einmal in dieses von Liebe erfüllte rosa Licht. Spüre die Liebe in dem Licht und sende auch selbst deine Liebe mit dem Licht.

Mutter Erde dankt dir für die Liebe und das Licht.

Nun lasse noch einmal die ganze Erdkugel durch das rosa Licht strahlen und hülle auch dich in das Licht. Wohin fließt das Licht?

Hülle dein Herz in das Licht, fülle dein Herz mit dem Licht.

Spüre, wie dein Herz von dem rosa Licht und der Liebe immer mehr erfüllt wird und sich alles Schwere, das darin gespeichert war, auflöst.

Auch deine Angst löst sich auf.

Dein Kummer heilt.

Alle in deinem Herzen zu heilenden Gefühle lösen sich auf in dem Licht, heilen durch das Licht.

Mutter Erde füllt auch dein Herz mit ihrem Licht. Kannst du es spüren?

Genieße diese Liebe von Mutter Erde und lade dich selbst immer mehr damit auf.

Von dieser Liebe und dem Licht geheilt und gestärkt, atmest du nun noch ein paarmal auch das weiße und goldene Licht bewusst ein und aus.
Danke Mutter Erde für ihre Liebe, spüre ihre Liebe für dich und komme dann langsam zurück ins Hier und Jetzt und öffne deine Augen.

Heilung senden

Setze dich entspannt hin, schließe deine Augen und nimm einige tiefe Atemzüge.

Atme weiter tief ein und aus und spüre, wie du mit jedem Atemzug immer ruhiger und entspannter wirst, du lässt los, alles los. Nimm nun einige Lichtatemzüge. Stelle dir dabei vor, wie leuchtende und hell funkelnde Lichtpartikel durch deinen Kopf im Scheitelbereich in deinen Körper fließen und sich darin verteilen.

Spüre, wie du mit dem Licht durchflutet wirst und wie es alle Anspannung und Unruhe von dir nimmt.

Das Licht fließt in jede Zelle deines Körpers und du fühlst dich wohl dabei, angenehm wohl.

Nun spürst oder siehst du, wie sich der Raum, in dem du sitzt, mit leuchtendem grünen Licht füllt, und du weißt, dies ist ein besonderes Heillicht.

Der Raum ist nun gefüllt mit dem Licht.

Du spürst oder siehst, wie das Licht dich einhüllt und durch deinen Körper fließt.

Jede Zelle deines Körpers ist von dem Licht erfüllt und leuchtet durch das Licht.

Das Licht strahlt sehr viel Lebensenergie aus und du spürst, dass es alles heilt, was zu heilen ist.

Nun sende dieses Licht in die Welt.

Stelle dir Mutter Erde als kleine Kugel in deinen Händen vor und sende ihr das Licht.

Stelle dir vor, wie das Licht zu allen Orten fließt, die Heilung benötigen.

Sende es in die Regenwälder, das Licht.

Stelle dir vor, wie die Wälder heilen durch das Licht.

Sieh, wie die Wälder leuchten durch das Licht.

Beobachte, wie die Natur zum Leben erwacht.

Du siehst, wie sich die Feen und Elfen über das Licht freuen.

Die Bäume und Pflanzen danken für das Licht. Alles blüht auf und wächst durch das Licht.

Dann sende das grüne, heilende Licht in die Meere.

Sieh, wie sich die Weltmeere reinigen durch das Licht.

Spüre oder sieh, wie sich alles regeneriert durch das Licht. Das Meer wird aufgeladen durch das Licht, wird lebendig durch das Licht.

Sende es in alle Ozeane, in alle Flüsse, Seen und Bäche, das Licht.

Auch die kleinsten Bäche füllen sich nun mit dem Licht.

Die Gewässer benötigen das Licht.

Sende es bis tief in den Meeresboden, das Licht.

Stelle dir vor, wie die grüne Heilenergie in alle Meeresböden sickert, bis tief hinein und dabei alles reinigt, was dort zu reinigen ist.

Ein hellgrünes Strahlen breitet sich auf den Meeresböden aus und lässt auch die Meeresbewohner erstrahlen. Du siehst, wie sie sich in dem Licht aufladen und dadurch selbst zu strahlen beginnen.

Nun sendest du das grüne Licht weiter über die Erde.

Fülle alle Wunden von Mutter Erde mit Licht.

Sieh, wie sich alle Gräben, Tunnel und Bohrlöcher mit dem Licht füllen.

Spüre die Dankbarkeit von Mutter Erde und die heilende Kraft in dem Licht.

Dann sende das Licht weiter über den Erdball und beobachte das Licht.

Wohin fließt das Licht? Was macht das Licht?

Spürst du die Heilkraft in dem Licht?

Sende es zu den Tieren, das Licht. Sende es zu den Eisbären, das Licht.

Sende es den Naturwesen, das Licht. Reinige ihre Auren und Körper mit dem Licht.

Sieh, wie auch diese Lebewesen erstrahlen durch das Licht. Und weiter fließt das Licht über die Wüsten, in die Tropenwälder bis zu den Korallenriffen.

Alles reinigt sich durch das Licht.

Stelle dir noch einmal die Erde vor in diesem Licht.

Beobachte, wie die Erde von dem Licht umgeben ist. Spüre, wie sie von dem Licht durchflutet ist.

Die Erde strahlt durch das grüne Licht.

Hülle dich auch noch einmal ein in dieses Licht.

Fülle dein Herz mit dem grünen Licht, umgib deine Organe mit dem Licht.

Spüre, wie alle deine Zellen strahlen durch das Licht. Wie sie schwingen durch das Licht. Alles wird leicht und friedvoll durch das Licht.

Genieße das Licht. Spüre das Licht.

Nun hülle Mutter Erde noch einmal in dieses Licht. In heilendes, grünes Licht.

Atme nun noch ein paarmal tief ein und aus und komme dann langsam ins Hier und Jetzt zurück.

Du öffnest deine Augen und fühlst dich wohl dabei.

Auroras Erdheilungsmeditation zur TagundNachtGleiche

„Liebe ist nicht das was man erwartet zu bekommen,
Sondern das was man bereit ist zu geben."

Katharine Hepburn

Schließe deine Augen und atme dreimal tief ein und aus.
Spüre, wie dein ganzer Körper sich mit Energie füllt und wie du immer ruhiger und ruhiger wirst.
Du lässt los, alles los.
Atme so weiter tief ein und aus und spüre, wie du dich immer mehr entspannst, wie dein Körper sich entspannt.
Dein ganzer Körper ist nun entspannt.
Nun stelle dir vor, wie weißgoldene Lichtpartikel durch dein Kronenchakra im Scheitelbereich in deinen Körper fließen und sich von dort aus in deinem ganzen Körper verteilen.
Bei jedem Einatmen fließen immer mehr weißgoldene Lichtpartikel durch dein Kronenchakra in deinem Scheitelbereich in deinen Körper, verteilen sich in deinem gesamten Körper und beim Ausatmen fließt das weißgoldene Licht aus deinen Händen oder Füßen wieder zurück zu Mutter Erde oder in die Unendlichkeit und nimmt dabei alle Anspannung von dir.
Atme so weiter tief ein und aus. Spüre oder sehe, wie dein ganzer Körper sich immer mehr mit dem weißgoldenen Licht füllt. Mit Heilenergie und Licht.
Du wirst immer ruhiger und lässt los, alles los.
Nun siehst du einen wunderschönen Strand vor dir. Mit Palmen und blühenden Sträuchern.
Die Sonne scheint angenehm auf deine Haut und ein sanfter Wind weht durch deine Haare. Du nimmst den Salzgeruch des Meeres wahr und das Rauschen der Wellen.
Wenn du magst kannst du auch deine Schuhe ausziehen und barfuß über den angenehm warmen Sand laufen.

Du siehst exotische Muscheln in der Sonne glitzern. Dein Blick gleitet in die Ferne und da siehst du eine junge Robbe, die dich neugierig betrachtet. Ganz vertraut schaut sie dich an.

Du gehst zu ihr und bemerkst neben der Robbe eine kleine Nixe mit bunt glitzernden Perlen im Haar.

Die Nixe sagt: „Wir haben auf dich gewartet. Es wird Zeit". Sie gibt dir ein Zeichen ihr zu folgen. Ihr setzt euch auf den Rücken der Robbe und taucht mit ihr in das türkisfarbene Wasser hinein.

Du wunderst dich, wie leicht du unter Wasser atmen und auch sprechen kannst.

Die Nixe sagt: „Wir reisen zu einem besonderen Ort, der Heilung braucht. Einem Platz, den seit langer Zeit kein Mensch gesehen hat. Doch nun ist es soweit. Halt dich fest. Wir sind bald da."

Du reist mit der Nixe auf dem Rücken der Robbe durch eine bunte Meereslandschaft. Ihr passiert bunte Korallenbänke, auf denen kleine Wassermänner spielen. Exotische Fischschwärme kreuzen euren Weg. Plötzlich siehst du vor dir den Eingang zu einer Unterwasserhöhle.

Du wunderst dich, dass der Eingang zu der Höhle nicht dunkel ist. Ein heller Schein breitet sich von dort aus und macht dich neugierig.

Ihr taucht in die Höhle ein und da erkennst du, woher der Lichtschein kommt. Die Höhle besteht aus riesigen, hell leuchtenden weißen und rosa Kristallen.

Ihr schwimmt durch die Höhle und du beobachtest eine Gruppe Nixen, die Harfe spielen und dabei wundervoll sanft singen. Die Musik breitet sich in der Höhle und in deinem Herzen aus.

Deine Reisebegleiterin sagt: Das ist ein besonderer Gesang. Er heilt die Herzen des Meeres und auch der Menschen. Wenn die Menschen sich dafür nur öffnen würden. Hier ist noch vieles, wovon du Nichts weißt."

Dabei deutet sie auf einen hohen schmalen unscheinbaren Kristall.

Er leuchtet nicht wie die anderen Kristalle in der Höhle. Aber du spürst, dass eine besondere Kraft von ihm ausgeht. „Das ist der Erdenkristall" sagt die Nixe. „Er hält die Welt im Gleichgewicht!" Dabei bemerkst du, dass unzählige dunkle Löcher in dem Stein zu finden sind. Kleine schwarze, große graue. Du fragst dich, was es damit auf sich hat.

Die Nixe sagt: „Der Stein zeigt das Gleichgewicht der Welt. Das Gleichgewicht der Menschen. Der Energien, Yin und Yang. „Durch jeden schlechten Gedanken, durch jede Handlung die auf Habgier, Neid, Zorn oder Missgunst beruht wird der Stein geschwächt. Hierdurch wird er immer löchriger, instabiler. Durch jeden positiven Gedanken und durch Taten aus Liebe und Mitgefühl, wird der Stein dagegen wieder gestärkt. Hält sich dies alles die Waage, behält der Stein eine gewisse Stabilität, die die Erde zusammenhält. Je mehr positive Energien in der Welt vorherrschen, desto stabiler wird dieser Stein. Schlägt das Pendel jedoch zu stark in die Negativität, versinkt diese Welt in Hass und Gewalt, zerstört dies den Stein. Wenn die Menschen nicht aufpassen, passiert dies unwiderruflich und zerstört ihre eigene Existenz." „Und ist dieser Stein und damit die Welt derzeit im Gleichgewicht?", fragst du.

„Leider nein", antwortet die Nixe. „Siehst du nicht die vielen brüchigen Stellen? Der Stein wird instabil. Die Nixen versuchen, durch ihren Gesang das Schlimmste zu verhindern, doch gelingt es ihnen nicht. Wir brauchen Hilfe, deine Hilfe. Damit die Erde und der Frieden und das Leben auf ihr nicht auseinanderbricht, wie dieser Stein." „Und was können wir tun?", fragst du. Du spürst die Wahrheit dieser Worte und den Schmerz im Herzen der Nixe. Auch die Robbe schaut dich mit ihren großen wissenden Augen traurig an. „Komm mit mir und lege deine Hände auf den Stein".

Du folgst der Nixe und berührst mit deinen Händen den zerbrechlichen Stein.

Die Nixe fährt fort: „Atme nun ganz viel weißgoldenes Licht durch deinen Scheitel in dich hinein und lade es mit deiner Herzensenergie auf. Mit deiner Liebe. Und dann lass dies durch deine Hände in den Stein fließen. Fülle die Löcher mit diesem Licht, mit deiner Liebe. Fülle den Stein mit guten Gedanken des Mitgefühls und Friedens. Und spüre, dass du nicht alleine bist. Dass es viele Menschen auf der Welt gibt, die in diesem Moment mit ihren guten Gedanken und Taten an deiner Seite sind, den Stein mit dir stärken. Bewusst oder unbewusst. Verbinde dich in Gedanken mit ihnen und fülle alles auf, was dir möglich ist.

Lass dir Zeit. Schwimme um den Stein und fülle die Stellen, die nach dir rufen, dich anziehen, mit deiner Liebe und Licht.

Lass dir Zeit."

Du füllst nun den Stein mit positiver Energie und Licht, die durch dich strömt.

Dann spricht die Nixe weiter:

„Und nun sende von hier aus das Licht in die Welt.

Stelle dir vor, dass die positive Heilenergie in die Welt ausstrahlt.

Sende das Licht von dem Kristall aus bewusst zu besonderen Orten die Heilung benötigen und Licht.

Sende es zu Krisengebieten und Kriegsschauplätzen.

Zu den Walen und Delfinen.

Zu allen bedrohten Tierarten.

In Wälder die Heilung benötigen.

Fülle alle Gewässer der Erde mit Licht. Reinige die Weltmeere mit dem Licht.

Sende das Licht und deine Liebe in die Erdspalten, hülle auch die Vulkane in Licht.

Sende es in Erdbebengebiete. Damit die Erde und ihre Bewohner zur Ruhe kommen, Frieden finden.

Sende das Licht aus dem Erdenhüter-Kristall weiter in die Herzen der Politiker.

Zu den Indianern nach South Dakota, damit sich Frieden und Heilung in ihrem Land und ihren Herzen einstellen mögen. Damit ihr heiliges Land geschützt wird.

Sende es überall hin, wo die Energie schwach ist und gebraucht wird. Wo Mangel an Liebe herrscht.

Lasse das heilende Licht, tief in die Erde hinein sickern. Spüre, wie sie sich dadurch reinigt und heilt.

Lass dir Zeit. Und spüre intuitiv, wo die Energie noch benötigt wird und hinfließen möchte. Sende dahin das Licht

Nun hülle die ganze Erde noch einmal in dieses Licht.

Stelle dir vor wie sie strahlt in dem Licht.

Und sende ihr noch mehr Licht.

Stelle dir vor, wie das Licht um die Erde fließt, in Wellen aus Licht und alles heilt in dem Licht."

„Dies ist genug für heute", sagt die Nixe und lächelt dich dankbar an. „Du kannst jederzeit wieder hierher zurückkehren oder in deinen Gedanken Liebe und Frieden hierher senden. Wir brauchen dich dafür. Wir danken dir und hoffen, dass nicht nur das Gleichgewicht gehalten wird, sondern dass das Pendel wieder in glückliche, friedvolle Zeiten umschlägt. Für euer Menschenvolk und auch unser Naturwesenreich. Gemeinsam können wir die Erde und die Herzen der Menschen heilen. Vertraue darauf."

Gerührt dankst auch du der Nixe und sagst ihr das, was dir in diesem Moment auf dem Herzen liegt. Lass dir Zeit und nimm auch die Antwort der Nixe wahr.

Nun ist es Zeit zurückzukehren.

Du schwimmst mit der Nixe auf dem Rücken der Robbe durch das wunderschöne Meeresland. Du hast das Gefühl alles leuchtet heller, strahlender, friedlicher. Die Nixe nickt dir bestätigend zu und sagt: „Stell dir vor wie du dieses Licht mit nach Hause nimmst und aus deinem Herzen heraus in den kommenden Tagen verteilst. Die Welt braucht es. Nutze jeden Tag, der dir möglich ist, um die Welt ein wenig heller zu machen und das Gleichgewicht zu stärken."

Ihr habt nun den Strand erreicht und du kletterst von dem Rücken der Robe und betrittst den warmen Strand.

Du verabschiedest dich von der Nixe und der Robbe und bedankst dich für diese besondere Reise.

Und auch die Nixe und Robbe danken dir.

„Wir werden immer hier für dich da sein, wir werden auf dich warten", sagt die Nixe. „Vergiss uns nicht und den Erdenstein, der die Welt zusammenhält."

Du läufst den Strand zurück bis zu dem Punkt, wo du losgelaufen bist. Du kannst auch deine Schuhe wieder anziehen, wenn du sie ausgezogen hast.

Du drehst dich noch einmal um und siehst deine Freunde am Strand. Nein, es war kein Traum, sagst du dir und winkst ihnen noch einmal freudig zu.

Nun atme noch ein paar Mal tief ein und aus und komme dann in deinem Tempo wieder zurück ins Hier und Jetzt und öffne deine Augen.

Reiki-Box

»Wenn du die Welt nicht so liebst, wie sie ist,
dann erschaffe dir jetzt eine Welt, so wie du sie lieben kannst.«

Sun Bear

Wenn du in Reiki eingeweiht bist, kannst du auch über die sogenannte Reiki-Box Licht und Heilung in die Welt senden.

Du benötigst hierfür eine kleine verschließbare Box, wie z. B. eine Dose oder Schachtel. Es kann aber auch ein Briefumschlag oder ein anderes Behältnis sein.

In diese Box legt man verschiedene Blätter, auf denen man zuvor notiert, wohin man Reiki senden möchte.

Du kannst hierbei zum Beispiel um Reiki für den Schutz der Weltmeere, Delfine und des Regenwaldes bitten. Oder einfach Reiki für deinen Stadtwald.

Dann lässt man, so oft wie möglich, fünf bis zehn Minuten lang Reiki in die Box hineinfließen.

Mit dem ersten Grad legt man hierfür die Hände auf den Deckel der Box oder nimmt die Box in die Hände.

Ab dem zweiten Reiki-Grad kann man Fernreiki in die Box senden. Dabei können alle drei Reikisymbole angewendet werden. Beende die Verbindung wie gewohnt und bedanke dich bei der Reikikraft.

Wichtig ist, dass man keine Erwartungen hegt, sondern Reiki einfach wirken und fließen lässt. Außerdem bittet man vor Beginn der Energiesendung darum, dass Reiki zum Wohle aller Beteiligten wirken möge.

Von Zeit zu Zeit die Zettel kontrollieren und gegebenenfalls austauschen.

Du kannst auch einen Reiki-Erdheilungskreis bilden und mit anderen Reikipraktizierenden gemeinsam Reiki in die Box und damit in die Welt senden. Hierdurch potenziert sich das Ergebnis. Mutter Erde dankt es dir!

Gebete für Mutter Erde

»Wo Licht im Menschen ist, scheint es aus ihm heraus.«
Albert Schweitzer

Es gibt besondere Gebetstage, an denen Menschen in der ganzen Welt gemeinsam beten und damit auch ein Zeichen für Frieden oder den Schutz von Mutter Erde setzen.

Du kannst dich mit eigenen Gebeten und guten Gedanken anschließen oder auch an diesen Tagen eine der oben genannten Erdheilungen machen und auch Licht zu Mutter Erde senden.

Das folgende Gebet hatte Aurora mit ihren Freunden für die von dem großen Beben und Tsunami 2011 in Japan getroffenen Menschen geschrieben, doch ihr könnt es für jeden Ort der Welt, der Heilung braucht, umschreiben.

Unser Gebet für Japan

Ich bitte um Licht für Japan.
Licht und Liebe für die Herzen der Menschen. Ich
wünsche ihnen Heilung in ihrem Leid und Trost in
diesen dunklen Tagen. Trost durch das Licht der
Hoffnung, das tief in ihre Herzen fließen möge. Ich bete
darum, dass dieser Strahl der Hoffnung ihnen hilft, ihr
Leid zu ertragen.
Mögen das kosmische Licht und die Engel ihnen
neue Wege zeigen in eine sichere und glückliche
Zukunft.
Ich bitte um Licht und Liebe für das Element Wasser, das
alles Leben auf unserer Erde ermöglicht. Mögen die
Menschen das Wasser ehren und allem Wasser Japans und der
Erde ihre Dankbarkeit senden.
Ich bitte um Licht und Liebe für das Element des Feuers. Mögen
alle Menschen in ihren Herzen erkennen, dass es wichtig ist, in
Harmonie mit dem Element des Feuers zu leben, das uns wärmt
aus dem Inneren von Mutter Erde und von außen aus dem
Kosmos, durch die Strahlen der Sonne. Mögen die Menschen das
Feuerelement mit Weisheit und Liebe nutzen.
Ich bitte um Licht und Liebe für das Element Erde. Mögen
die Herzen der Menschen voller Liebe für Mutter Erde sein,
um Mutter Erde zu heilen und zu stärken.
Mögen die Menschen erkennen, dass Mutter Erde
unserer Liebe und Fürsorge bedarf, damit sie auch
uns Geborgenheit und Schutz geben kann.
Ich bitte um Licht und Liebe für das Element Luft.
Mögen die Winde die Erde und alles, was auf ihr lebt,
sanft und in Liebe berühren.
Mögen die Menschen auch dem Element Luft mit
Liebe und Dankbarkeit begegnen.

Hier noch zwei weitere ausgewählte Gebete, die Aurora gefallen:

Gebet zur Heilung der Herzen

Ich bitte um Kraft und Heilung für die Herzen der Menschen, damit auch sie ihr Herz öffnen für Mutter Erde und alles, was auf ihr Heimat hat und lebt. Mögen sie Mitgefühl für unsere Heimat Erde entwickeln, sie lieben und ehren, sie bewahren und helfen zu heilen. Ich bitte um Heilung der Herzen der Menschen, wodurch auch das Herz von Mutter Erde geheilt wird. So möge es sein.

Gebet für den blauen Planeten

Mein blauer Planet, Mutter Erde, du mein Zuhause, du gibst mir Leben, du ernährst mich, du gibst mir die Luft zum Atmen. Immer und zu jeder Zeit. Doch statt dich zu hegen und zu pflegen und dankbar für all deine Geschenke zu sein, wurde dir viel Schaden zugefügt. Nun ist es an der Zeit, dir zu helfen. Ich will dir helfen, mit Liebe, Licht und Energie und mit der Pflege meiner Umwelt, dass du dich erholen kannst und von deinen Schmerzen, deinem Fieber befreit wirst, dass auch du wieder befreit atmen kannst und gesund wirst. Dazu bitte ich die geistige Welt um Hilfe und Unterstützung bei all meinen Unternehmungen dir zu helfen. Vergib uns, was wir Menschen dir angetan haben, und nimm die Geschenke, die ich und viele andere dir mit Liebe aus dem Herzen senden, wohlwollend an. Von ganzem Herzen danke ich dir für all deine guten Gaben, die du mir täglich gibst. Ich liebe Dich, du, mein blauer Planet, meine geliebte Mutter Erde.

Du kannst auch selbst ein Gebet für Mutter Erde schreiben. Bitte in deinen eigenen Worten um Heilung und Frieden, nicht nur Mutter Erde wird es dir danken.

Zu jeder Sonnenwende, an der die Sonne auf dem Höhepunkt im Süden oder Norden steht und den Sommer und Winter einleitet, versammeln sich Schamanen auf der ganzen Welt, um Friedensfeuer zu entzünden oder für den Frieden zu beten. Wir schließen uns hierzu zweimal im Jahr mit unserem Erdheilungskreis an und führen besondere öffentliche Feuerrituale zur Sonnenwende durch.

Weltheilungstage

»Die Erde liegt in unserer Hand.«
Sun Bear

An diesen besonderen Weltheilungstagen kann man mit vielen Menschen auf der Erde gemeinsam etwas für Mutter Erde tun und ihr Liebe und Licht senden:

- Earth Day (Tag der Erde) am 22. April
- World Peace and Prayer Day (Weltfrieden- und Gebetstag) am 21. Juni
- Welttag der Liebe und der Dankbarkeit an das Wasser am 25. Juli
- Weltheilungsmeditation am 31. Dezember um 12:00 Uhr Weltzeit (13:00 Uhr MEZ/in Deutschland)
- Sonnenwende: 21. Juni und 21. Dezember

Nachwort

»Wir müssen Beschützer und Wächter der Erde werden.«

Sun Bear

Die Naturvölker lebten Jahrtausende in Einklang mit den Naturgeisterreichen und waren offen dafür, was ihnen die Naturwesen und Hüter der Elemente zu sagen hatten. Diese Zeiten sind vielerorts leider vorbei. Die Menschen achten nicht mehr die Bedürfnisse von Mutter Erde und haben ihre Herzen vor der Naturwesenwelt verschlossen. Wir existieren nur noch in ihren Märchen und Sagen, doch auch diese verschwinden immer mehr von dieser Welt. Wann warst du das letzte Mal in der Natur und hast den Herzschlag von Mutter Erde unter deinen Füßen gespürt und ihr für ihre Geschenke gedankt?

Nun ist die Zeit gekommen, etwas für Mutter Erde zu tun, ihr etwas zurückzugeben, sie zu heilen und zu schützen, was noch zu schützen ist. Tue dies jedoch nicht aus Angst oder um selbst etwas von Mutter Erde zurückzuerhalten, sondern tue es aus selbstloser Liebe, denn das ist es, was zählt.

Man muss bereit sein, sich selbst zu ändern, dann ändert sich auch diese Welt.

Es wird Zeit, die Herzen der Menschen zu heilen und wieder für Mutter Erde und alle ihre Geschöpfe zu öffnen. Aber auch die Menschen müssen wieder lernen, sich gegenseitig in Liebe zu begegnen, bei aller Hektik und Stress im Alltag ihre Herzen wieder öffnen, sich gegenseitig helfen, unterstützen, da zu sein füreinander, einem Menschen, der einem begegnet, ein Lächeln schenken, jeden Tag. Damit fängt es an.

Mögen sich alle Wesen auf dieser Erde liebevoll an die Hand nehmen und heilen, was zu heilen ist, damit auch das Herz von Mutter Erde heilt.

Danksagung

Ich danke ganz besonders Sian Schirmer dafür, dass sie als »Zwergenmutter« den Sonnenengel Aurora und all ihre Naturwesenfreunde mit einem »Kleidchen« für die Menschen sichtbar gemacht hat.

Ich danke außerdem allen Freunden, die Aurora bei der Entstehung dieser Fibel zur Seite gestanden haben.

Ein großer Dank geht auch nach Kanada, an Robert Haig Coxon, für seine wundervolle Musik, die dazu beiträgt, die Wunden von Mutter Erde zu heilen. Hier erfährt man mehr über Robert Haig Coxons Musik, die Aurora bei der Entstehung des Buches inspiriert und begleitet hat.

Ich danke Birgitt und Horst Heigl vom Homa-Hof Heilgenberg, dass ich für diese Fibel Texte aus ihrem Buch »Agnihotra - Ursprung, Praxis und Anwendungen« verwenden durfte.

Und schließlich danke ich allen Naturwesen auf und in der Erde, die sich um Mutter Erde kümmern und auf ihre Art heilen, was zu heilen ist.

Literaturverzeichnis

Räuchern:

Berk, Susanne: Einfach Räuchern. Anwendung, Wirkung und Rituale. KOHA Verlag. Burgrain 2012.

Rätsch, Christian: Räucherstoffe. Der Atem des Drachens. AT Verlag. Aarau 2009.

Agnihotra-Feuer:

Heigl, Horst und Birgitt: Agnihotra. Ursprung, Praxis und Anwendungen. Verlag Horst Heigl. Tübingen 2011.

Heigl, Horst: Agnihotra Mantras (CD). Verlag Horst Heigl. Heiligenberg 2011.

Medizinrad:

Sun Bear/Wabun Wind/ Mulligan, Crysalis: Das Medizinradpraxisbuch. Übungen zur Heilung der Erde. Goldmann Verlag. München 1993.

Sun Bear/Wabun Wind: Das Medizinrad. Eine Astrologie der Erde. Goldmann Verlag. München 2005.

Ondruschka, Wolf: Geh den Weg des Schamanen. Das Medizinrad in der Praxis. Neue Erde Verlag. Saarbrücken 2008.

Griebert-Schröder, Vera: Und in der Mitte bist du heil. Neue Orientierung durch die Kraft des Medizinrades. Ein schamanischer Wegweiser. Südwest Verlag. München 2011.

Heilung des Wassers:
Emoto, Masaru: Die Antwort des Wassers. Band 1. KOHA Verlag. Burgrain 2001.

Emoto, Masaru: Liebe und Dankbarkeit: Der universelle Lebenscode. J. Kamphausen Verlag. Bielefeld 2010.

Heilung von Mutter Erde:
Crowther, Kiesha: Aus Liebe zu Mutter Erde. Little Grandmothers Botschaft an die Welt. KOHA Verlag. Burgrain 2012.

Schaefer, Carola: Die Botschaft der weisen Alten: Der spirituelle Rat der Großmütter. Ullstein Verlag. Berlin 2012.

Sun Bear/Wabun Wind: Die Erde liegt in unserer Hand. Goldmann Verlag. München 1991.

Musikempfehlung:
Coxon, Robert Haig: Prelude to Infinity (CD)

Coxon, Robert Haig: The Silent Path (CD)

Film-Tipps:
Das Blaue Juwel. Ein Gespräch mit unserer Erde. Ein Dokumentarfilm über Planetare Heiler. Allegria 2012.

For the next 7 Generations. Horizon 2011.

Guardians of the Earth. Als wir entschieden die Erde zu retten. Lighthouse 2018.

More than Honey. Ein Film von Markus Imhoof. Senator 2013.

Zur Autorin

Diana Dörr ist Heilpraktikerin und Reikilehrerin mit eigener Praxis in Bad Homburg.

Im November 2011 hat sie ihren ersten Roman mit dem Titel »Der Steg nach Tatarka« beim Paracelsus Verlag in Salzburg veröffentlicht.

Im Januar 2013 folgte der Roman Aurora in geheimer Mission, in dem es um eine Naturwesenkonferenz für Mutter Erde geht. Dieser Roman bildet den Auftakt zu einer Bücherserie über die Abenteuer des hawaiianischen Sonnenengels Aurora, der mit einer besonderen Mission für Mutter Erde vom Kilauea Vulkan auf Big Island von Hawaii nach Deutschland gekommen ist. Eine Fortbildung führte Diana Dörr 2008 in „Auroras Heimat" nach Hawaii. Seitdem interessiert sie sich für Vulkane und Hawaii – dieses Interesse und ihre Verbundenheit mit den Naturvölkern vereint sie nun durch die Aurora-Bücher mit ihren beruflichen Interessen, der Heilung von Menschen und Mutter Erde.

Durch ihre Bücher rund um den Sonnenengel Aurora möchte die Autorin die Herzen der Menschen für die Natur öffnen und auch aktuelle Umweltthemen ansprechen.

Tauchen Sie ein in verwunschene Welten voller magischen Wesen, die durchaus einen Bezug zu realen Orten und Geschehnissen haben.

Weitere Informationen über die Autorin und ihre Bücher gibt es hier: www.dianadoerr.de

Besuchen Sie auch Aurora im Internet: www.AurorasWelt.de
Auf dieser Seite erfahren Sie alles über die Erdheilungskreise und Benefizaktionen der Autorin. Für diese Hilfsaktionen braucht man nicht unbedingt einen Verein, sondern nur genügend Hände mit Herz.

In Auroras Shop erhalten Sie alles, was Sie zum Räuchern und für Agnihotra Feuer benötigen:
www.AurorasShop.de